Bibliografische Information der Deutschen Nationalbibliothek:

Die Deutsche Bibliothek verzeichnet diese Publikation in der Deutschen National-
bibliografie; detaillierte bibliografische Daten sind im Internet über http://dnb.d-
nb.de/ abrufbar.

Impressum:

Copyright © 2016 GRIN Verlag, Open Publishing GmbH
Druck und Bindung: Books on Demand GmbH, Norderstedt Germany
ISBN: 9783668355651

Dieses Buch bei GRIN:

http://www.grin.com/de/e-book/345636/glas-ein-vielseitiger-werkstoff

Laura Muras

Glas. Ein vielseitiger Werkstoff

Eine Betrachtung von Silicatgläsern

GRIN Verlag

Inhaltsverzeichnis

I)   EINLEITUNG

Eine durchsichtige Materie aus nicht viel mehr als Sand – Glas ist einer der faszinierendsten Werkstoffe, die jemals vom Menschen geschaffen wurden. Der Beginn des Glasmachens ist im alten Ägypten, ca. 3000 v. Chr., anzusiedeln; heute sind viele Glasarten unterschiedlichster Eigenschaften für ganz verschiedene Verwendungszwecke aus unserem Alltag nicht mehr wegzudenken. Umso lohnenswerter ist es, sich einmal intensiver mit diesem vielseitigen Werkstoff zu beschäftigen. Doch da genau genommen alle amorphen, nichtkristallinen Feststoffe zu den Gläsern gezählt werden, also auch amorph erstarrte Metalle, Kunststoffe wie Acryl- und Plexiglas und Naturgläser wie Obsidian, sollen hier nur die Silicatgläser genauer betrachtet werden. Dabei folgt nach einer kurzen Definition eine Untersuchung von Struktur und Eigenschaften der (Silikat-) Gläser, ein geschichtlicher Überblick über die Glasherstellung sowie die Erläuterung der gängigsten modernen Produktionsverfahren, bevor anschließend noch die Frage beantwortet wird, ob Glas für die Zukunft ein nachhaltiger Werkstoff sein kann, der zum Klima- und Umweltschutz beiträgt.

II)   HAUPTTEIL

1. Definition[1]

Der Begriff „Glas" geht auf das germanische Wort *glasa* zurück und bedeutet „das Schimmernde, das Glänzende". Eine eindeutige Definition für Glas existiert nicht; vielmehr fallen unter diesen Sammelbegriff alle Stoffe, die sich im glasartigen Zustand befinden, auch wenn die Zusammensetzung mitunter völlig unterschiedlich sein kann.

Dieser eben genannte glasartige Zustand wird von dem deutsch-baltischen Chemiker Gustav Tammann (1861-1938), der sich intensiv mit Metallurgie und Kristallisations- und Schmelzvorgängen beschäftigte, folgendermaßen definiert:

> „Der Glaszustand ist der eingefrorene Zustand einer unterkühlten Flüssigkeit, die ohne zu kristallisieren erstarrt ist."[2]

Aus Tammanns Definition des glasartigen Zustands lassen sich typische Eigenschaften aller Gläser herleiten, die unabhängig von der Herstellungsweise gelten:

---

[1] http://www.chemie.de/lexikon/Glas.html#Einteilung_der_Gl.C3.A4ser (Zuletzt besucht am 23.08.2016).
[2] http://www.baunetzwissen.de/standardartikel/Glas_Definition-von-Glas_159077.html (Zuletzt besucht am 23.08.2016).

Glas ist eine amorphe Substanz, deren Atome oder Moleküle also keine kristalline, durchgehend regelmäßige Struktur (Fernordnung) ausbilden. Das durch Schmelzen erzeugte Glas besitzt keinen Schmelzpunkt, sondern einen sogenannten Transformationsbereich, in welchem sich die Viskosität des Stoffes erheblich verändert. Zwar bilden sich bei der Erstarrung der Schmelze auch Kristallationskeime, allerdings kann der Kristallationsprozess aufgrund der Zähigkeit der Schmelze und der Komplexität der ursprünglichen Kristallstruktur in der gegebenen Zeit nicht mehr stattfinden; so kommt der amorphe Aufbau zustande.

Trotz des fehlenden Schmelzpunktes gilt Glas aufgrund einer derartig hohen Viskosität als Festkörper.

Nach dieser ersten allgemeinen Definition wird sich nun eine genaue Betrachtung der Struktur sowie der Eigenschaften der Silikatgläser anschließen.

2. Struktur und Eigenschaften der Silicatgläser

2.1. Aufbau und Struktur

Der grundlegende Bestandteil der Silicatgläser ist – wie der Name schon sagt – Silicium. Als das harte Siliciumdioxid kommt es in vielfältiger Weise in der Natur vor, ein bekanntes Beispiel ist Quarz, ein in reiner Form farbloser Bergkristall. Die Bezeichnung „Silicium**di**oxid" ist hierbei leicht irreführend: Es handelt sich lediglich um die Verhältnisformel des Stoffes, nicht um die Summenformel der einzelnen Moleküle. Trotz der vier Valenzelektronen existiert ein SiO_2 -Molekül (O=Si=O) nicht, weil im Falle einer Doppelbindung die Abstoßungskräfte zwischen den beiden Atomrümpfen aufgrund des großen Atomradius von 117,6 pm zu groß würden.[3]

Tatsächlich ist im Quarz ein Siliciumatom tetraedrisch von vier Sauerstoffatomen umgeben, die jeweils zwei Siliciumatome binden. Dies ist auch die Grundstruktur der Silicatgläser; das Siliciumdioxid wird deshalb als Netzwerkbildner bezeichnet.

Das einfachste Glas mit Silicium als Netzwerkbildner ist demnach das Quarzglas, auch Kieselglas genannt. Es besteht wie Quarz aus reinen Siliciumdioxid, ist also aus SiO_4 - Tetraedern aufgebaut. Der zum Kristall wesentliche Unterschied, der das Quarzglas nach der obigen Definition erst zum Glas macht, ist das Fehlen einer Fernordnung. Statt eines

---

[3] Baars, Günter / Christen, Hans Rudolf: Allgemeine Chemie. Theorie und Praxis, Frankfurt am Main 1995, S.225-229.

regelmäßigen Kristallgitters liegt nur ein loses Netzwerk vor, die Tetraeder sind durch ungleiche Bindungswinkel und Abstände verzerrt.[4]

Doch wie gelangt man nun vom reinen Quarzglas zu dem für Silicatglas so charakteristischen Gemisch unterschiedlicher Silicate?

Dies geschieht mithilfe sogenannter Netzwerkwandler oder Netzwerkstörer, die durch ihre Ionen das Raumnetz aus SiO_4-Tetraedern ungleichmäßig aufbrechen. Netzwerkwandler sind i.d.R. die Oxide der dem Siliciumdioxid beigemischten Carbonate oder Sulfate. Für gewöhnliches Massenglas, das Kalk-Natron-Glas, werden Soda bzw. Natriumcarbonat (Na_2CO_3) und Kalk bzw. Calciumcarbonat ($CaCO_3$) verwendet, wobei Soda heutzutage die früher gebräuchliche Pottasche (K_2CO_3) ersetzt. Während des Schmelzprozesses entweicht Kohlenstoffdioxid aus den Carbonaten, sodass die verbleibenden Oxide als Netzwerkwandler wirksam werden können, indem ihre Ionen die $Si - O$-Bindungen teilweise zerstören und eine Ionenbindung mit dem Sauerstoffion eingehen [5]:

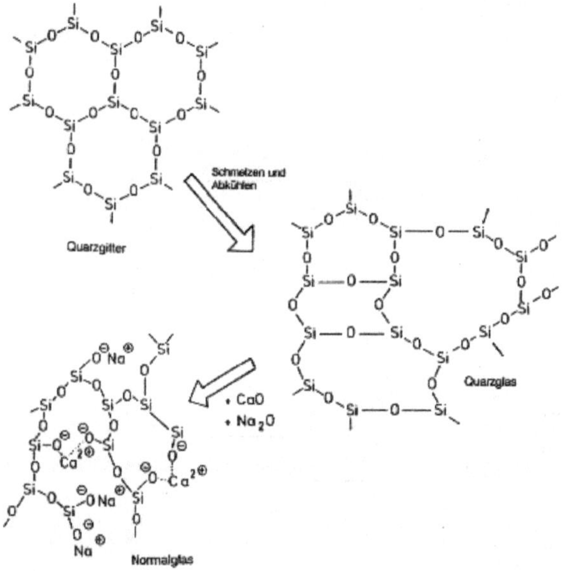

Abb.1: Quarzgitter, Quarzglas und Normalglas (aus Übersichtsgründen wurden nur drei Bindungen des Siliciums gezeichnet.)[6]

---

[4] http://www.chemie.de/lexikon/Glas.html#Einteilung_der_Gl.C3.A4ser (Zuletzt besucht am 23.09.2016).

[5] Eisner, Werner / Gietz, Paul / Glaser, Marianne u.a.: Elemente Chemie II, Stuttgart 2000, S.234.

[6] http://www.chemieunterricht.de/dc2/glas/glast_02.htm (Zuletzt besucht am 15.09.2016).

Natürlich sind Natrium-, Kalium- und Calciumoxid nicht die einzigen Oxide, die die Fähigkeit zur Glasbildung besitzen. Alle Elementoxide der ersten beiden Hauptgruppen des PSE, also

Alkali- und Erdalkalioxide, sowie Niob- Tantal(V)- und Telluroxid gehören zu den Netzwerkwandlern.[7]

Des Weiteren kann die Matrix eines Glases durch sogenannte Stabilisatoren auch wieder gefestigt werden: Trennstellenschließer wie Boroxid oder Aluminiumoxid besitzen die mittlere Wertigkeit (III), müssten also drei Einfachbindungen mit anderen Atomen eingehen, um die Edelgaskonfiguration zu erreichen. Deshalb können sie die durch Netzwerkstörer verursachten „Trennstellen" wieder verschließen.[8]

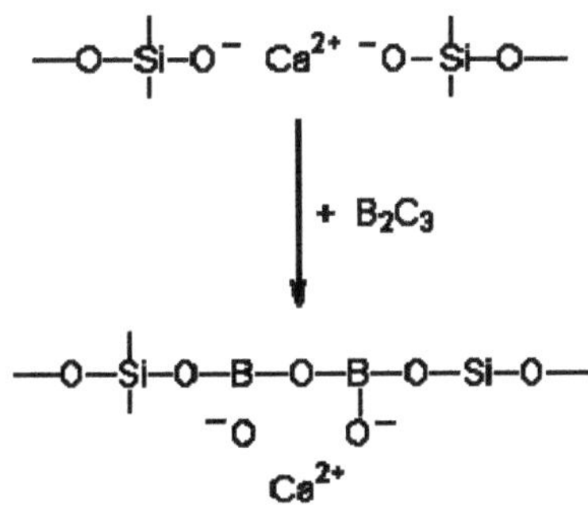

Abb. 2: Trennstellenschließung durch Substitution[9]

2.2. Einteilung der Silicatgläser und ihre Eigenschaften

Die besondere Struktur und die Bestandteile der Silicatgläser führen zu einigen interessanten Eigenschaften dieses Werkstoffes. Nach der Erläuterung der für die Eigenschaften der Gläser allgemein wichtigen Begriffe werden die drei Hauptgruppen der Silicatgläser unter Berücksichtigung der zuvor definierten chemischen Merkmale vorgestellt. Der Fokus soll aber aus Gründen der Übersichtlichkeit auf Kalk-Natron-Glas, dem üblichen Massenglas, liegen.

---

[7] Vajna, Sándor (Hrsg.): Integrated Design Engineering. Ein interdisziplinäres Modell für die ganzheitliche Produktentwicklung, Heidelberg 2014, S. 216.

[8] Hoffmann, Ulrich / Rüdorff, Walter (Hrsg.): Anorganische Chemie, 18. Auflage Braunschweig 1965, S. 377.

[9] http://www.chemieunterricht.de/dc2/glas/images/img.gif (Zuletzt besucht am 05.09.2016).

Beginnend mit den thermischen Eigenschaften ist zu sagen, dass für Glas kein exakter Schmelzpunkt mehr angegeben werden kann, da es aufgrund der verschiedenen Wechselwirkungen im Glas (Atombindungen und Ionenbindungen) und unterschiedlicher Bindungswinkel und -längen beim Erhitzen zu einem allmählichen Aufbrechen der Bindungen und damit zu dem für Gläser so charakteristischen **Erweichen** kommt.

Der aus der Definition bereits bekannte **Transformationsbereich** wird in die untere Entspannungsgrenze, den oberen Kühlpunkt, den Erweichungspunkt und den Verarbeitungspunkt unterteilt. Während sich an der Entspannungsgrenze bereits mechanische Spannungen im Material abbauen und das Glas am oberen Kühlpunkt nicht mehr spröde ist, sich aber noch nicht sichtlich verformt, so geschieht letzteres am Erweichungspunkt, bevor der für die Glasbearbeitung ideale Verarbeitungspunkt erreicht ist. Der **Transformationspunkt** markiert jene Temperatur, bei der eine abkühlende Schmelze vom plastischen in den starren Zustand übertritt und sich die **Wärmeausdehnung und -kapazität** des Glases sprunghaft ändert. [10]

Hiermit im Zusammenhang steht die **Thermoschockbeständigkeit** des Werkstoffes, also die Fähigkeit eines Glases, den durch schnelle Temperaturänderungen verursachten thermischen Spannungen im Material standzuhalten. Überschreitet die Belastung die **Festigkeit**, eine mechanische Eigenschaft, kommt es zum Bruch.[11]

Bekanntere mechanische bzw. elektrische Kennwerte bei der Untersuchung der Werkstoffeigenschaften sind die **Dichte** sowie die **elektrische Leitfähigkeit**. Auch die optischen Eigenschaften der Gläser, z.B. die **Brechzahl** oder die **Lichtdurchlässigkeit (Transmissionsgrad)**, sind eine Betrachtung wert. So kann für jede Glasart das Verhältnis von einfallender und durchgehender Strahlungsleistung oder auch ein Maß für die Ausbreitungsgeschwindigkeit des Lichts im Glas im Vergleich zur Lichtgeschwindigkeit im Vakuum angegeben werden.

Zuletzt spielt noch die **chemische Beständigkeit** eine wichtige Rolle, da sie, wie auch die Festigkeit, die Erweichungstemperatur oder die Thermoschockbeständigkeit, Aufschluss über mögliche Einsatzgebiete des Werkstoffes Glas gibt.

---

[10] http://www.chemie.de/lexikon/Transformationsbereich.html (Zuletzt besucht am 25.08.2016).
[11] http://www.chemie.de/lexikon/Thermoschock.html (Zuletzt besucht am 25.08.2016).

b)   <u>Das Kalk-Natron-Glas</u>[12]

Als der Mensch zum allerersten Mal Glas selbst hergestellt hat, entdeckte er das Kalk-Natron-Glas. Bis heute überwiegt in der Glasindustrie diese Gruppe bei der Produktion und nicht umsonst wird Kalk-Natron-Glas auch als „Normalglas" bezeichnet – schließlich bestehen die meisten unserer gläsernen Alltagsprodukte daraus.

Die Zusammensatzung ist einfach: Es werden ca. 71-75% Quarzsand bzw. Siliciumdioxid, 12-16% Soda (oder Natron) und 10-15% Kalk sowie geringe Anteile an Magnesiumoxid (MgO) verwendet.[13] Das fertige Glas hat eine Dichte von 2500 kg/m^3 und ist – im Gegensatz zur Glasschmelze, in der sich die Ionen noch frei bewegen können – nicht mehr elektrisch leitfähig.

Da reines Siliciumdioxid einen enorm hohen Schmelzpunkt bei 1700°C besitzt, wäre das Glasmachen früher aus technischen Gründen unmöglich gewesen, selbst in modernen Öfen sind solche Temperaturen nur unter großem Aufwand zu erreichen. Soda oder auch die früher gebräuchliche Pottasche (Kaliumcarbonat) lösen dieses Problem:

Beim Erhitzen senken sie als Flussmittel den Schmelzpunkt des Gemischs auf 1400°C herab und gehen unter der Abgabe von CO_2 in das Glas ein, sodass dessen Transformationspunkt tatsächlich schon bei 520-550°C liegt und die Erweichungstemperatur 695°C beträgt. Gleichzeitig steigt der Wärmeausdehnungskoeffizient von $\alpha T \sim 0{,}5 \cdot 10\text{-}6$/K (reines Quarzglas) auf $9{,}0 \cdot 10^{-6}$/K an. Das bedeutet, dass sich ein ein Kilometer langes Glasstück bei einer Temperaturerhöhung um ein Kelvin um 9 mm ausdehnen würde. Da diese Wärmedehnung verhältnismäßig hoch ist, toleriert Kalk-Natron-Glas lediglich einen raschen Temperaturwechsel um ca. 40 K, bevor es zum Glasbruch kommt.

Damit wären wir bei der Festigkeit und Härte, also den mechanischen Eigenschaften angelangt. Theoretisch könnte Kalk-Natron-Glas einer Zugbelastung von bis zu 100.000 N/mm² standhalten, doch aufgrund mikroskopisch kleiner Risse und Kerben, die sowohl bei der Fertigung als auch durch die normale Nutzung entstehen, wird dieser Wert drastisch auf nur 30-80 N/mm², unter Dauerbelastung gar 7 N/mm² gesenkt. Setzt man den Werkstoff einer Biegespannung bis knapp an den Punkt aus, an dem das Glas unter Zugbelastung reißen würde, erhält man den Betrag der Biegezugfestigkeit, der bei Kalk-Natron-Glas 40 N/mm² misst. Außerdem erreicht die Druckfestigkeit Werte von 700-900 N/mm².

Die Härte von Kalk-Natron-Glas (5,3 auf der Skala nach Mohs) ist vor allem auf die Zugabe von Calciumcarbonat bei der Produktion zurückzuführen: $CaCO_3$ geht nach dem Entweichen

---

[12] https://www.unibw.de/werkstoffe/lehre/skripte/glas.pdf (Zuletzt besucht am 04.10.2016).
[13] Glocker, Winfrid: Glas. Technikgeschichte im Deutschen Museum, München 1992, S. 27.

von CO_2 als gebrannter Kalk (CaO) in das Glas ein, steigert dessen Härtegrad und macht es chemisch beständiger. Eine ähnliche Wirkung ist Magnesiumoxid zuzuschreiben.

Eine unmittelbare Zerstörung von Silicatgläsern allgemein kann deshalb nur durch Flusssäure hervorgerufen werden, die durch eine Reaktion mit SiO_2 zu Siliciumtetrafluorid das Netzwerk aus SiO_4 -Tetraedern zerstört:

$$SiO_2 + 4\,HF \rightarrow SiF_4 + 2\,H_2O$$

Des Weiteren können auch basische Lösungen, z.B. über Beton abfließendes Regenwasser, feuchtwarme Luft oder Industrieabgase auf Dauer die Glasstruktur schädigen, sodass es zu einer Erblindung des Materials aufgrund von Oberflächenveränderungen kommen kann.

Doch die wohl offensichtlichste Eigenschaft von Kalk-Natron-Glas ist seine Durchlässigkeit für Licht im optisch sichtbaren Spektralbereich (λ = 380-780 nm). In diesem Wellenlängenbereich ist die Energie des Lichts viel zu gering, als dass es zu einer Wechselwirkung zwischen den Photonen des Lichts und den gebundenen Elektronen im amorphen Molekulargefüge des Glases kommen könnte: Der Werkstoff ist transparent.

Trotzdem wird ein Teil des gesamten Lichtspektrums vom Glas absorbiert und reflektiert. Der Transmissionsgrad ist zwar auch abhängig von der Glasdicke, liegt bei Normalglas jedoch immer zwischen 83% und 90%. Nur 4-8% der senkrecht einfallenden Strahlung werden reflektiert.

Tritt Licht in ein anderes Medium über, so ändern sich bei gleichbleibender Frequenz seine Wellenlänge und die Ausbreitungsgeschwindigkeit. Der Brechungsindex beträgt für Normalglas 1,52.[14] Das heißt, dass die Phasengeschwindigkeit und Wellenlänge des Lichts in Glas um den Faktor 1,52 kleiner ist als im Vakuum.

Wer sich einmal überlegt, wie viele Alltagsgegenstände aus Glas gefertigt sind, kann sich vorstellen, auf welch vielfältige Weise Kalk-Natron-Glas Verwendung findet; alle Gebiete aufzuzählen, wäre schlicht unmöglich.

Allgemein lässt sich jedoch sagen, dass es die Grundlage für die Produktion von Flaschen, Schalen, Vasen, Trinkgläsern, Lebensmittelverpackungen, Fensterscheiben, Spiegel, Glasfasern und in leicht bearbeiteter Form für Verbunds- und Einscheibensicherheitsglas bildet.

---

[14] http://www.fn-glas.at/Glasdaten.pdf (Zuletzt besucht am 30.09.2016).

c) <u>Bleiglas</u>[15]

Wird bei der Glasherstellung anstelle von Kalk ein höherer Anteil Bleioxid ($\geq$24%) in das Rohstoffgemisch gegeben und weniger Siliciumdioxid verwendet (ca. 56%), so wird eine allgemein als Bleikristall bekannte Glasart produziert, welche sich durch ihre hohe Dichte zwischen 3500 kg/m³ und 5050 kg/m³ je nach Bleigehalt sowie durch ihren hohen Brechungsindex (1,57-1,79) und die Schutzwirkung vor ionisierender Strahlung, die auf den Schwermetalloxidgehalt zurückzuführen ist[16], auszeichnet.

Außerdem liegt der Transformationspunkt von Bleiglas bei lediglich 430°C[17] und es erweicht bereits bei 630°C, da weniger Quarzsand bei der Herstellung zum Einsatz kommt. Dies hat auch eine stärkere Wärmedehnung zufolge, was Bleiglas zu einem „weichen" Glas und damit ideal für die Verarbeitung durch Schliff macht.

So wird Bleiglas vor allem für geschliffene Trinkglaser, Karaffen, Vasen, Ziergegenstände und Linsen verwendet, spielt jedoch auch in der Radiologie oder Nuklearmedizin eine wichtige Rolle als Strahlenschutzglas.

d) <u>Borosilicatglas</u>[18]

Borosilicatglas ist mit einem SiO_2 -Anteil von 81% und einem Sodaanteil von nur 4% gleich nach dem reinen Quarzglas das wohl unempfindlichste und chemisch beständigste Silicatglas. Seinen Namen erhält es durch den 13%-igen Anteil an Bortrioxid (B_2O_3).

Dieser Zusammensetzung verdankt Borosilicatglas, dessen Dichte mit 2230 kg/m³ etwa der von Normalglas entspricht, die erhöhte Erweichungstemperatur von 825°C und den niedrigen Wärmeausdehnungskoeffizienten ($3,25 \cdot 10^{-6}$/K). Somit kann diese Glasart auch extremen Temperaturwechseln standhalten, was sie, zusammen mit der hohen Erweichungstemperatur, zum idealen Brandschutzglas und im Haushalt geeignet für Back- und Auflaufformen macht. Die eben genannten Eigenschaften sind aber, wie auch chemische Beständigkeit gegen jegliche Säuren und Laugen, im Laboralltag gerne gesehen, wo Borosilicatglas z.B. für Erlenmeyerkolben Anwendung findet.[19]

[15] https://www.unibw.de/werkstoffe/lehre/skripte/glas.pdf. (Zuletzt besucht am 04.10.2016).
[16] http://www.seilo.de/Strahlenschutz/Datenblaetter/deutsch/Bleiglas.pdf (Zuletzt besucht am 01.10.2016).
[17] http://www.physi.uni-heidelberg.de/Einrichtungen/MW/Glasblaeserei/Glaseigenschaften/ (Zuletzt besucht am 01.10.2016).
[18] https://www.unibw.de/werkstoffe/lehre/skripte/glas.pdf (Zuletzt besucht am 04.10.2016).
[19] http://www.laborpraxis.vogel.de/labortechnik/articles/393472/ (Zuletzt besucht am 01.10.2016).

3. Der Produktionsprozess

So unterschiedlich Silicatgläser auch sein können – eines haben alle Glasarten gemeinsam: Den Produktionsprozess bis zur Formgebung. Dieser hat sich im Laufe der Jahrhunderte, abgesehen von der Heizart und vielen Verbesserungen im Detail, nicht sehr verändert.

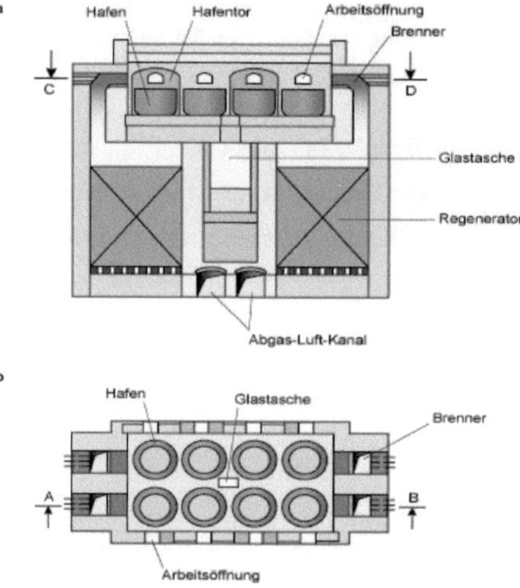

Abb. 3: Der Hafenofen[20]

Das Herzstück jedes Glasfabrikationsbetriebes ist noch immer die „Hütte", ein Name, der auf der langen Tradition des Glasmachens basiert. Egal ob traditionelle Hütte oder moderne Werkhalle, hier befindet sich der Ofen, in welchem die Rohstoffe zu einer homogenen Glasmasse geschmolzen werden. Dabei unterscheidet man im Wesentlichen zwei Typen: Den Hafenofen und den Wannenofen.

Das Prinzip des Hafenofens ist wohl das ursprünglichste in der Geschichte des Glasmachens, denn es beruht auf dem einfachen Einführen von Schmelztiegeln aus Schamotte in einen rund oder halbrund gebauten Ofen. Für jeden Hafen gibt es ein Hafentor für die Beschickung sowie ein Ofentor für die Entnahme. Außerdem findet in allen Hafen derselbe Arbeitsschritt statt, was auch daran liegt, dass der Ofen auf nur eine Temperatur geheizt werden kann, die Produktion jedoch unterschiedliche Temperaturen erfordert.

Dies führt zu einem diskontinuierlichen Betrieb in Tagesschichten, ein Grund, warum der Hafenofen in der Glasindustrie schnell von dem Wannenofen der Brüder Hans und Friedrich Siemens abgelöst wurde:

---

[20] https://roempp.thieme.de/include/images/r100/RI-155-0781.gif (Zuletzt besucht am 03.10.2016).

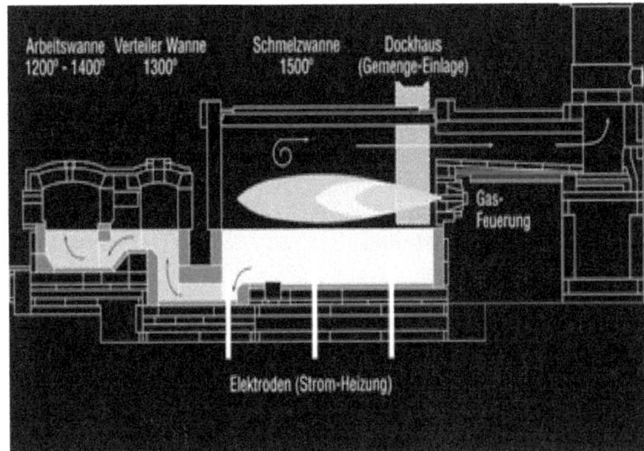

Abb. 4: Der Wannenofen[21]

Dieser stellt ein kontinuierlich betriebenes Becken dar, in welchem die Arbeitsschritte nicht zeitlich, sondern räumlich voneinander getrennt in der Glasschmelzwanne, der Verteilerwanne und der Arbeitswanne stattfinden.

Durch die Rohstoffeingabe, die Entnahme von Glas und die verschiedenen Temperaturen in den einzelnen Wannen bilden sich Strömungen aus, welche die Schmelze automatisch zum nächsten Arbeitsschritt transportieren und eine Vermischung von Glas in unterschiedlichen Phasen verhindern.

Entscheidende Vorteile des Wannenofens im Vergleich zum Hafenofen sind die Einsparung von Brennmaterial aufgrund des Regenerativsystems und des kontinuierlichen Betriebs, eine längere Lebensdauer des Ofenmaterials, da die einzelnen Ofenteile nicht so extremen Temperaturschwankungen ausgesetzt sind wie die Häfen, sowie natürlich eine Produktionssteigerung auf fast das Doppelte der Leistung eines Hafenofens. Deshalb werden heute 90% des industriell hergestellten Glases in Wannenöfen erschmolzen, nur in der traditionellen Glasfertigung, meist kleinen Handwerksbetrieben, werden Hafenöfen noch eingesetzt.[22]

Doch was geschieht nun genau in den verschiedenen Bereichen eines Wannenofens?

Die fein gemahlenen, getrockneten und vermengten Rohstoffe rieseln durch das Dockhaus an der Stirnseite der Schmelzwanne auf die Oberfläche des Glasbades, wo sie bei 1480°C zur sogenannten Rauhschmelze eingeschmolzen werden. Es kommt dabei zum Hedvall-Effekt, also zu Modifikationen des Quarzes, der seine Kristallstruktur ändert, wodurch die Reaktionsbereitschaft erhöht wird.[23] Carbonate und Sulfate durchlaufen die bereits erwähnte

---

[21] http://www.glasi.ch/images/der_ofen.png (Zuletzt besucht am 03.10.2016).
[22] Glocker: Glas, S. 20-22.
[23] http://universal_lexikon.deacademic.com/143126/Hedvall-Effekt (Zuletzt besucht am 01.10.2016).

thermische Zersetzung unter der Abgabe von Gasen, was hier anhand von Calcium- und Natriumcarbonat, den gebräuchlichsten Netzwerkwandlern, einmal veranschaulicht werden soll:

$$CaCO_3 \rightarrow CaO + CO_2\uparrow$$

$$Na_2CO_3 \rightarrow Na_2O + CO_2\uparrow$$

Im Grunde genommen zeigt die letztendliche Reaktionsgleichung von Kalk-Natron-Glas eine Reaktion von Quarz mit basischen Oxiden (CaO, Na_2O) zu Silicaten:

$$6SiO_2 + Na_2CO_3 + CaCO_3 \rightarrow Na_2O \cdot CaO \cdot 6SiO_2 + 2CO_2\uparrow[24]$$

Die natürliche Konvektion sorgt für die Homogenität der Glasschmelze; dies kann durch das Einblasen von Gasen, auch Bubbling genannt, noch verbessert werden.

Der Schmelzwanne schließt sich unmittelbar die Verteilerwanne an, die ebenso als Läuterbereich bezeichnet werden kann, denn hier findet unter extrem hohen Temperaturen (1500-1600°C) die Austreibung von Blasen aus der fertigen Schmelze statt. Oftmals wurden dem Rohstoffgemenge zu Beginn Läuterungsmittel zugegeben, beispielsweise Natrium- und Kaliumnitrat in Kombination mit Arsentrioxid oder Antimontrioxid. Letztere reagieren erst zu Pentoxiden und geben anschließend Sauerstoff ab, der in der Schmelze verbliebene Gasbläschen mit an die Oberfläche reißen soll.

In der Arbeits- oder Abstehwanne kühlt das Glas schließlich auf etwa 1000-1200°C ab, bevor es weiter zur Entnahme für die endgültige Formgebung fließen kann. Soll Hohlglas produziert werden, schneidet nun ein Speiser oder Feeder Glastropfen von der zähflüssigen Schmelze ab, die in die angeschlossene Maschine geleitet und dort ausgeblasen werden. Bei der Flachglasherstellung gleitet die Glasschmelze auf ein flüssiges Zinnbad, das sogenannte Floatbad, wo es langsam zu Scheiben erstarrt.

Die nachfolgende Tabelle soll einen kurzen Überblick über die Möglichkeiten der Glasverarbeitung und ihre Endprodukte geben:[25]

---

[24] Hoffmann / Rüdorff: Anorganische Chemie, S. 376.

[25] https://www.unibw.de/werkstoffe/lehre/skripte/glas.pdf (Zuletzt besucht am 04.10.2016).

	Flachglas	Hohlglas	Röhren	Fasern
Pressen				
Blasen				
Gießen				
Schleudern				
Walzen				
Ziehen				
Biegen				

So findet Glas also in den unterschiedlichsten Formen sowohl in unseren Alltag als auch in Spezialanwendungen. Doch wie genau hat der Mensch begonnen, Glas als Werkstoff zu nutzen?

4. Die Geschichte des Glases[26]

Eisenzeit, Bronzezeit – wichtige Werkstoffe haben schon oft ganze Epochen der Menschheitsgeschichte geprägt. Keine Ära mag zwar bis jetzt nach Glas benannt worden sein, dennoch kann dieses heute so unverzichtbare Material mit immer vielfältigeren Verwendungsmöglichkeiten auf einen Siegeszug zurückblicken, der bereits vor 9000 Jahren begann!

Schon in der Steinzeit kannten und nutzten die Menschen das Naturglas Obsidian, also rasch abgekühlte Lava, die sich aufgrund eines zu niedrigen Wassergehalts von 3-4% nicht zu Bimsstein aufblähte und in einer amorphen Struktur erstarrte.[27] Die ältesten Funde des zu Schneidewerkzeug und Schmuck verarbeiteten Obsidians werden auf 7000 v. Chr. datiert.

Über die genauen Vorgänge bei der Entdeckung des heutzutage am meisten gebräuchlichen Kalk-Natron-Glases sind Wissenschaftler sich nicht ganz einig. Fest steht, dass dies zufällig geschah, vermutlich beim Brennen von Töpferware, als kalkhaltiger Sand mit Natron in Kontakt kam und eine glasartige Schmelze entstand.

Nachdem die Ägypter ihren Toten schon seit 3500 v. Chr. künstlich hergestellte Glasperlen als Grabbeigabe beigelegt hatten, gelang ihnen und den Menschen in Mesopotamien um 1500 v. Chr. zum ersten Mal die Herstellung von Hohlglas: Dazu wurden Glasstäbchen um einen

---

[26] http://www.bvglas.de/der-werkstoff/geschichte-entwicklung/ (Zuletzt besucht am 24.09.2016).
[27] https://de.wikipedia.org/wiki/Obsidian (Zuletzt besucht am 22.09.2016).

porösen Keramikkern gewickelt und erhitzt, bis sie zu einem Gefäß zusammengeschmolzen waren. Nach dem Abkühlen konnte der Keramikkern herausgekratzt werden.[28]

Aus einem Zeitraum um 650 v. Chr. stammt das älteste „Rezept" für das Glasmachen, gefunden auf einer Tontafel aus der Bibliothek des Assyrischen Königs Ashurbanipal, der 669-626 v.Chr. lebte. Dort steht in Keilschrift geschrieben:

> „Nimm 60 Teile Sand, 180 Teile Asche aus Meerespflanzen, 5 Teile Kreide - und Du erhältst Glas."[29]

Tatsächlich werden hier alle notwendigen Rohstoffe für die Glasproduktion genannt, sogar die Mengenverhältnisse stimmen grob mit heutigen Standards überein. Dass der Sandanteil so gering bzw. der Anteil an Flussmitteln so hoch ist, also nur weiches Glas hergestellt werden konnte, liegt an den zur damaligen Zeit sehr eingeschränkten Möglichkeiten bezüglich der zu erreichenden Schmelztemperaturen.[30]

Mit der Erfindung der Glasmacherpfeife durch syrische Handwerker jedoch machte die Glasproduktion um 100 v. Chr. einen revolutionären Schritt nach vorne: Endlich konnten dünnwandige Hohlgefäße in großer Formenvielfalt geblasen werden.

In ersten Jahrhunderten n. Chr. entwickelte sich das Römische Reich zu einem bedeutenden Glaszentrum, dem es gelang, die Qualität des Glases durch höhere Schmelztemperaturen zu verbessern sowie Fensterglas in der Architektur einzuführen. Die Beliebtheit der luxuriösen Exportartikel führte zu einer Verbreitung der Glaswaren über ganz Europa und bis nach China.[31]

Dagegen wird die Handelsmetropole Venedig als führende Stelle der europäischen Glasmacherkunst in der Renaissance angesehen. Kurz darauf, mit Beginn der Gotik, wurde in Frankreich das Prinzip des Mondglases entwickelt: Eine vorgeblasene Glaskugel wird durch schnelles Drehen zu einem runden Teller geschleudert, dessen Mittelstück als Fensterscheibe benutzt werden kann.

Ebenfalls aus Frankreich kam 1688 das allererste Walzverfahren, bei welchem geschmolzenes Glas auf großen Platten verteilt und schließlich ausgewalzt wurde, sodass Spiegelglas von 40×60 Zoll produziert werden konnten, das u.a. im Spiegelsaal von Versailles Verwendung fand.

---

[28] http://www.schott.com/german/company/experience_glass/history.html (Zuletzt besucht am 22.09.2016).
[29] http://vision2form.de/glas-geschichte.html (Zuletzt besucht am 22.09.2016).
[30] Ebd.
[31] http://vision2form.de/glas-geschichte-teil2.html (Zuletzt besucht am 22.09.2016).

Zu dieser Zeit wurden bereits einfache Mikroskope und Fernrohre hergestellt, eine erhebliche Verbesserung dieser Geräte ist aber Joseph Fraunhofer (1787–1826) und seinen wissenschaftlichen Untersuchungen zur Glasschmelze zu verdanken. Auf dieser Grundlage gründete Carl Zeiss 1846 in Jena eine optische Werkstatt und begann 1866 zusammen mit Ernst Abbe, optische Instrumente zu bauen.

Friedrich Siemens war es schließlich, der ab 1867 durch die Entwicklung des ersten Wannenofens eine kontinuierliche Glasproduktion in größeren Mengen ermöglichte.

Otto Schott und seine Forschungen über optische Gläser und den Einfluss neuer Stoffe auf die Glaseigenschaften bildeten den Anfang der modernen Glastechnologie. Bis heute hat die Technik – von der Owens-Maschine, die das Flaschenblasen voll automatisierte, bis hin zur heute noch eingesetzten IS-Maschine (*IS* steht dabei für „Individual Section" und bedeutet, dass jede Station der Maschine für sich alleine voll funktionstüchtig ist) – die traditionellen Mundblashütten fast vollständig verdrängt.[32] Der Werkstoff Glas selbst wird, dank weiterführender Forschung, immer vielfältiger eingesetzt, z.B. in der Architektur als Glasfassaden, in Displays und Halbleitern, in Form von Mineralfaserdämmung oder als Lichtwellenleiter in der Kommunikationstechnologie. Aber genügt Glas in Zeiten des Klimawandels und der regenerativen Energiesysteme auch dem Anspruch der Nachhaltigkeit und Umweltfreundlichkeit?

5. Glas und die Umwelt[33]

Kaum vorstellbar, wenn man eine Flasche in der Hand hält, aber Glasmachen ist eine „staubige Sache". Unter den hohen Temperaturen von bis zu 1600°C werden bei der Reaktion der Rohstoffe Gase freigesetzt, die teilweise wieder miteinander reagieren, Feststoffe verdampfen und kondensieren – kurz, es werden eine Menge Emissionen in Form von Schwefel- und Stickoxiden, Kohlenstoffdioxid, Fluor- und Chlorverbindungen sowie Staub an die Umwelt abgegeben. Wie genau diese Emissionen entstehen und wie sie sich vermeiden, vermindern oder unschädlich machen lassen, ist eine wichtige Frage, der seit Jahrzehnten immer mehr Aufmerksamkeit gewidmet wird und die auch hier nicht zu kurz kommen soll.

Eine primäre Quelle für gesundheitsgefährdende Gase ist bereits der Brennstoff, mit welchem die Schmelzöfen betrieben werden. Die Brennstoffabgase bestehen neben Kohlenstoffdioxid und Wasserdampf auch aus gefährlichen thermischen Stickoxiden (NO_x), die durch den in der

---

[32] Technikgeschichte im Deutschen Museum: Glas
[33] http://www.umweltbundesamt.at/fileadmin/site/publikationen/R152.pdf (Zuletzt besucht am 25.09.2016).

Verbrennungsluft vorhandenen Stickstoff und Sauerstoff unter hohen Temperaturen im Wesentlichen in zwei Schritten gebildet werden. Luftstickstoff und atomarer Sauerstoff reagieren zu Stickstoffoxid und Stickstoffradikalen, die erneut mit Sauerstoff zu Stickstoffoxid umgesetzt werden:

$$N_2 + O \rightleftharpoons NO + N$$

$$N + O_2 \rightleftharpoons NO + O$$

Auch die sogenannten Gemengegase, also Gase, die durch chemische Reaktionen während des Schmelzvorganges entstehen, können NO_x enthalten, wenn Kaliumnitrat (KNO_3) als Läuterungsmittel verwendet wurde. Sofern nicht aus qualitätsgründen unbedingt notwendig, lässt sich hier der Einsatz des Nitrats und damit die Bildung von NO_x aber vermeiden. Hauptsächlich bestehen die Gemengegase aus Kohlenstoffdioxid und Schwefeldioxid, da in der Schmelze Netzwerkwandler bzw. Flussmittel in Form von Carbonaten und Sulfaten vorhanden sind und somit Reaktionen unter der Freisetzung der genannten Gase stattfinden, die bereits bei der Erläuterung des Produktionsprozesses angeführt wurden.

Ein weiteres Problem sind die Verdampfungsprodukte in den Glasschmelzöfen, die zu einer Menge Staub führen, sobald die meist als Oxide verdampften Alkalien, das Bleioxid oder Boroxid mit Schwefeloxid während der Abkühlung Sulfate bilden. Auch eine Carbonatbildung ist wahrscheinlich.

Ebenfalls kritisch zu betrachten sind sowohl der bewusste Einsatz von Fluoriden bei der Glasproduktion (v.a. Trübgläser und Spezialgläser) als auch die ungewollte Verunreinigung der Rohstoffe mit Fluorid und Chlorid. Denn was nicht mehr in der Glasschmelze gebunden werden kann, entweicht in Form von Fluorwasserstoff und Chlorwasserstoff oder staubförmig als Natriumchlorid.

Zum Glück begann die Glasindustrie seit den 1970-er Jahren mit der wirksamen Reinigung der Abgase und bemüht sich seither um eine stetige Verringerung der Emissionen:
Wenn der Luftüberschuss in der Reaktionszone des Ofens und die Luftvorwärmetemperatur reduziert oder die Öfen gar gänzlich elektrisch betrieben werden, lassen sich für die gefährlichen Stickoxide hohe Minderungsraten bis zu 75% erreichen. Eine Sekundärmaßnahme zur Vermeidung derselben wäre die katalytische Reduktion zu Stickstoff und Wasser mithilfe von Ammoniak:

$$4\,NH3 + 4\,NO + O_2 \rightarrow 4\,N2 + 6\,H_2O$$

Dieser Vorgang wird als „Selektive katalytische Reduktion" (SCR) bezeichnet.[34]

In einem Abhitzkessel entzieht man den restlichen Abgasen aus der Schmelzwanne Wärme, mit der sogar noch Dampf und Strom produziert werden kann. Auf 250°C abgekühlt, treten die Gase nun in den Sorptionsturm ein, wo SO_2, HF und HCl sich an calciumhaltigen, selten auch natriumhaltigen eingeblasenen Staub anlagern. Dieser Staub wird nun, wie auch der bereits beim Herstellungsprozess entstandene Staub, in einem elektrischen Feld (bis 20000 Volt) elektrisch aufgeladen, sodass er sich an den Platten des Elektrofilters niederschlägt und in einen Auffangbehälter fällt. Auf diese Weise werden heutzutage die gesetzlich festgelegten Emissionsgrenzen weit unterschritten.[35]

Doch selbstverständlich gehört zu einem umweltschonenden, nachhaltigen Verhalten nicht nur die Verringerung schädlicher Emissionen! Dank immer besserer Produktionstechniken ist der Energieverbrauch der Glasindustrie seit 1970 um 77% zurückgegangen.[36] Die Beheizung der Glasschmelze durch elektrischen Strom ist immer mehr im Kommen – die Elektrode, die direkt in das Glasbad eingetaucht wird, hat neben einer optimalen Energienutzung auch eine fehlende Verfärbung des Glases durch etwaige Verbrennungsprodukte und die völlige Emissionsfreiheit zum Vorteil.

Gleichzeitig schonen das Befeuern der Öfen mit Strom (aber auch mit Erdöl oder Gas) und die Verwendung von Soda statt Pottasche die Wälder, an welchen die Glashütten im Mittelalter und in der frühen Neuzeit regelrechten Raubbau betreiben mussten, um die für das Glasschmelzen erforderlichen Temperaturen zu erreichen und vor allem, um aus Holzasche die Pottasche auszulaugen.

Doch was Glas wohl zu einem der ressourcenschonendsten Werkstoffe unserer Zeit macht, ist die Möglichkeit, Altglas zu recyceln und beliebig oft ohne den geringsten Qualitätsverlust für die Herstellung neuer Glasverpackungen wieder einzuschmelzen. Ganz nebenbei helfen die Scherben, Deponieraum und Schmelzenergie einzusparen; so erreicht man eine Reduzierung Schmelzenergie um drei Prozent pro zehn Prozent Scherbenanteil im Gemenge.[37]

---

[34] https://de.wikipedia.org/wiki/Selektive_katalytische_Reduktion (Zuletzt besucht am 25.09.2016).
[35] Glocker: Glas, S. 30-32.
[36] http://www.bvglas.de/umwelt-energie/energie-klimaschutz/ (Zuletzt besucht am 25.09.2016).
[37] http://www.bvglas.de/umwelt-energie/glasrecycling/ (Zuletzt besucht am 26.09.2016).

III) SCHLUSSBETRACHTUNG

Glas ist nicht gleich Glas. Eine intensivere Beschäftigung mit diesem Werkstoff zeigt, dass „Glas" in seinen Formen, Bestandteilen, Eigenschaften und Produktionsweisen so vielfältig ist wie in seinen Anwendungen. Angefangen hat es bei dem Luxusgut aus einfachem Quarzsand, Kalk, Soda und Pottasche, heute stellt die Glasindustrie sowohl massenweise Gebrauchsglas als auch die unterschiedlichsten, anpassungsfähigsten Spezialgläser her.

Fest steht: Silicatglas hat eine fast 9000-jährige Tradition in der Menschheitsgeschichte und musste seitdem nichts an Bedeutung einbüßen! Ganz im Gegenteil, dank immer neuer Techniken und wissenschaftlicher Erkenntnisse können die Möglichkeiten dieses Werkstoffes bis ans Äußerste ausgereizt werden. Die Solartechnik, das Bauwesen oder die Kommunikationstechnologie beispielsweise stehen bei der Nutzung von Glas erst ganz am Anfang und die Aussichten sind vielversprechend.

Gerade für unsere Zukunft, die vom Klimawandel und der Ressourcenknappheit bedroht scheint, bietet Glas entscheidende Vorteile. Durch das Altglasrecycling in Verbindung mit der Emissionskontrolle und dem verminderten Energieverbrauch steht den Menschen hier eine nahezu unerschöpfliche Rohstoffbasis zur Verfügung, welche die Umwelt schont und dem Anspruch der Nachhaltigkeit Genüge leistet.

Insofern ist Glas, diesem vielseitigen, umweltfreundlichen und noch vielversprechenden Werkstoff, ein fester Platz in der Zukunft gesichert.

IV) BIBLIOGRAFIE

A) Fachliteratur:

1. Baars, Günter / Christen, Hans Rudolf: Allgemeine Chemie. Theorie und Praxis, Frankfurt am Main 1995.

2. Eisner, Werner / Gietz, Paul / Glaser, Marianne u.a.: Elemente Chemie II, Stuttgart 2000.

3. Glocker, Winfrid: Glas. Technikgeschichte im Deutschen Museum, München 1992.

4. Hoffmann, Ulrich / Rüdorff, Walter (Hrsg.): Anorganische Chemie, 18. Auflage Braunschweig 1965.

5. Vajna, Sándor (Hrsg.): Integrated Design Engineering. Ein interdisziplinäres Modell für die ganzheitliche Produktentwicklung, Heidelberg 2014.

B) Internetquellen:

1. Glas. http://www.chemie.de/lexikon/Glas.html#Einteilung_der_Gl.C3.A4ser (Zuletzt besucht am 23.08.2016).

2. Baunetz Wissen. Glas. http://www.baunetzwissen.de/standardartikel/Glas_Definition-von-Glas_159077.html (Zuletzt besucht am 23.08.2016).

3. Transformationsbereich. http://www.chemie.de/lexikon/Transformationsbereich.html (Zuletzt besucht am 25.08.2016).

6. Thermoschock. http://www.chemie.de/lexikon/Thermoschock.html (Zuletzt besucht am 25.08.2016).

7. Thienel, K.-Ch.: Werkstoffe des Bauwesens. Glas. https://www.unibw.de/werkstoffe/lehre/skripte/glas.pdf (Zuletzt besucht am 04.10.2016).

8. Eigenschaften des Glases. http://www.fn-glas.at/Glasdaten.pdf (Zuletzt besucht am 30.09.2016).

9. Seilo® Strahlenschutzsysteme. Strahlenschutz-Bleiglas. http://www.seilo.de/Strahlenschutz/Datenblaetter/deutsch/Bleiglas.pdf (Zuletzt besucht am 01.10.2016).

10. Stadler, Rainer: Glaseigenschaften. http://www.physi.uni-heidelberg.de/Einrichtungen/MW/Glasblaeserei/Glaseigenschaften/ (Zuletzt besucht am 01.10.2016).

11. Platthaus, Marc / Speicher, Kathrin: 120 Jahre Borosilikatglas – ein Werkstoff schreibt Geschichte. http://www.laborpraxis.vogel.de/labortechnik/articles/393472/

(Zuletzt besucht am 01.10.2016).

12. Universal-Lexikon. Hedvall-Effekt. http://universal_lexikon.deacademic.com/143126/Hedvall-Effekt (Zuletzt besucht am 01.10.2016).

13. 9000 Jahre Glas – die Geschichte des Werkstoffes. http://www.bvglas.de/der-werkstoff/geschichte-entwicklung/ (Zuletzt besucht am 24.09.2016).

14. Obsidian. https://de.wikipedia.org/wiki/Obsidian (Zuletzt besucht am 22.09.2016).

15. Aus der Geschichte des Glases. http://www.schott.com/german/company/experience_glass/history.html (Zuletzt besucht am 22.09.2016).

16. 7000 Jahre Glas – Geschichte vom Glas (Teil 1). http://vision2form.de/glas-geschichte.html (Zuletzt besucht am 22.09.2016).

17. 7000 Jahre Glas – Geschichte vom Glas (Teil 2) http://vision2form.de/glas-geschichte-teil2.html (Zuletzt besucht am 22.09.2016).

18. Ronner, Christoph / Schindler, Ilse: Stand der Technik bei der Glasherstellung. http://www.umweltbundesamt.at/fileadmin/site/publikationen/R152.pdf (Zuletzt besucht am 25.09.2016).

19. Selektive katalytische Reduktion. https://de.wikipedia.org/wiki/Selektive_katalytische_Reduktion (Zuletzt besucht am 25.09.2016).

20. Glasindustrie leistet Beitrag zum Klimaschutz. http://www.bvglas.de/umwelt-energie/energie-klimaschutz/ (Zuletzt besucht am 25.09.2016).

21. Aus Alt wird Neu. http://www.bvglas.de/umwelt-energie/glasrecycling/ (Zuletzt besucht am 26.09.2016).

C) Bildquellen:

1. http://www.chemieunterricht.de/dc2/glas/glast_02.htm (Zuletzt besucht am 15.09.2016).

2. http://www.chemieunterricht.de/dc2/glas/images/img.gif (Zuletzt besucht am 05.09.2016).

3. https://roempp.thieme.de/include/images/r100/RI-155-0781.gif (Zuletzt besucht am 03.10.2016).

4. http://www.glasi.ch/images/der_ofen.png (Zuletzt besucht am 03.10.2016).